ENTREPRISE TÉLÉGRAPHIQUE UNIVERSELLE

LIGNES SOUS-MARINES

TÉLÉGRAPHIQUES

D'EUROPE AUX AMÉRIQUES

DE L'ATLANTIQUE AU PACIFIQUE

PAR

D. ARTURO DE MARCOARTU

Ingénieur en chef des Ponts et Chaussées d'Espagne,
Membre de l'Institut de Londres.

3. Il n'y a point de langue ni de different langage
au milieu de qui leur voix ne soit entendue
4 Leur bruit s'est repandu dans toute la terre,
et leurs paroles se sont fait entendre jusqu'aux extremités du monde

(PSAUME XVIII.)

PARIS

IMPRIMERIE DE, COSSON ET COMPAGNIE

RUE DU FOUR-ST GERMAIN, 43

1863

V

LIGNES SOUS-MARINES

TÉLÉGRAPHIQUES

D'EUROPE AUX AMÉRIQUES

DE L'ATLANTIQUE AU PACIFIQUE

PAR

D. ARTURO DE MARCOARTU

Ingénieur en chef des Ponts et Chaussées d'Espagne,
Membre de l'Institut de Londres.

3. Il n'y a point de langue ni de différent langage :
au milieu de qui leur voix ne soit entendue
4. Leur bruit s'est répandu dans toute la terre,
et leurs paroles se sont fait entendre jusqu'aux extrémités du monde.

(PSAUME XVIII.)

PARIS

IMPRIMERIE DE COSSON ET COMPAGNIE

RUE DU FOUR-ST GERMAIN, 43

1863

C.

Le projet d'une ligne sous-marine télégraphique exige trois genres d'étude : le choix du trajet pour les communications; la construction des appareils de station et de moyens conducteurs, et l'installation desdits appareils et moyens conducteurs.

Nous publions aujourd'hui un exposé de la première des études qui doivent précéder l'établissement d'un télégraphe sous marin entre les deux mondes, et nous réservons pour la suite celles qui sont relatives à la construction et au posage des lignes.

Lorsqu'il s'agit de relier l'Europe aux Amériques civilisées, l'océan Atlantique au Pacifique, les stations extrêmes dans les deux hémisphères ne doivent pas être déterminées par des sympathies de races ou de nations; elles doivent l'être en vue du but cosmopolite d'une si grande entreprise, et en vertu des éléments physiques que l'industrie semble assurer aujourd'hui à ces travaux : ce sont donc ces éléments qui doivent nous servir de données préliminaires pour nos recherches sur le trajet préférable.

Énoncer la seule pensée d'unir télégraphiquement l'Europe aux Amériques, l'océan Atlantique au Pacifique, suffit pour faire apprécier la transcendante utilité de cette jonction ; nous nous arrêterons cependant, ne serait-ce qu'un moment, à indiquer de tels avantages, ainsi que les frais et les profits, devenus aujourd'hui calculables, de l'entreprise universelle.

Nous diviserons donc cette étude en quatre parties :

Dans la première, nous ferons connaître quelles propriétés ou conditions physiques assurent le succès des lignes sous-marines ;

Dans la seconde, nous exposerons, d'après l'examen de ces conditions pratiques, les différents tracés jusqu'aujourd'hui proposés, pour déterminer lequel serait préférable ;

Dans la troisième, nous nous occuperons de l'utilité générale de l'entreprise ;

Dans la quatrième, nous établirons le budget de dépenses et de recettes pour les lignes préférées.

PREMIÈRE PARTIE

CONDITIONS PHYSIQUES DES LIGNES SOUS-MARINES TÉLÉGRAPHIQUES.

EXAMEN DES PLUS GRANDES LONGUEUR, PROFONDEUR ET CHARGE D'EAU QU'ONT
EUES LES CABLES SOUS-MARINS TÉLÉGRAPHIQUES. — LIMITE ACTUELLE DE
LEUR LONGUEUR. — LIGNES ÉTABLIES.

Il n'y a pas de mer, si large et si profonde qu'elle soit, qui ne puisse être franchie par les fils électriques du télégraphe sous-marin.

Cette opinion, qui est celle de l'ex-superintendant de l'Observatoire astronomique des États-Unis, M. Maury, aux études duquel la navigation et le commerce de l'Atlantique sont redevables d'importants services ; cette opinion, nous l'avons toujours partagée. Il semble qu'on pourrait ne pas limiter la longueur des fils conducteurs, et qu'il serait permis de ne pas conserver le moindre doute sur l'installation conduite à bonne fin d'une ligne par laquelle on essayerait d'unir les deux mondes, en lui faisant traverser l'Océan dans sa plus grande largeur, et sans qu'elle soit supportée par des îles ou des bas-fonds. Toutefois il est prudent et même très-convenable de limiter la longueur des fils eu égard à leur puissance conductrice, à la faculté isolante de leur fourreau, et de plus à la facilité de réparer les avaries, laquelle ne s'obtient que par les sections plus nombreuses du fil.

En effet, l'intensité du courant électrique est en raison directe de l'aire transversale des fils conducteurs et en raison inverse de leurs longueurs. L'enveloppe isolante ne peut être parfaitement impénétrable à l'influence des courants électriques; elle laisse des fuites, et, quelles que soient les lois des courants avec leurs écarts par rapport à ceux-ci, on sait qu'elles ont un rapport direct avec la longueur du fourreau. Il paraît que ces dérivations de courant deviennent plus sensibles avec le temps, et que, par leurs continuelles soustractions, elles rendent de plus en plus lente, irrégulière et faible l'action du courant principal.

De sorte qu'à mesure que la longueur des signaux augmente, l'intensité et la rapidité du courant diminuent, et qu'aux grandes longueurs de lignes sont proportionnées de grandes pertes d'électricité et de grands retards dans la manifestation des signaux.

Il faut conclure de là que la limite à donner à la longueur des fils ne doit pas être basée, comme l'ont cru quelques marins et télégraphistes, sur la largeur et la profondeur des mers, mais sur la puissance et les propriétés des appareils et des fils télégraphiques.

Mais laissons de côté les grandes espérances fondées sur les progrès de chaque jour qui s'opèrent dans la télégraphie électrique, espérances de plus en plus surprenantes; et ne nous attachons qu'à compter sur la puissance et les propriétés des appareils expérimentés, en ne faisant notre affaire que des résultats déjà obtenus, afin de ne pas compromettre des capitaux considérables dans des travaux plus hardis que ceux jusqu'à présent couronnés d'un succès qui ne laisse rien à l'aventure.

Résumons donc de suite les faits principaux des ouvrages déjà entrepris : ceux qui constatent la réussite obtenue dans les entreprises antérieures nous garantiront aussi celle à attendre des entreprises subséquentes.

Depuis qu'a été posé, en septembre 1851, dans le canal de la Manche, entre Douvres et Calais, le premier câble sous-marin télégraphique d'une manière permanente, soixante autres câbles ont été posés sur notre globe. La compagnie de la *Gutta-Percha* de la Grande-Bretagne a fabriqué à elle seule, dans les onze dernières années écoulées, le fourreau isolant de quarante-quatre câbles qui forment un total de 8 906 milles de longueur. L'un d'eux compte douze ans de service, un autre onze ans; un autre en compte dix; trois de ces câbles huit ans et demi; deux autres sept ans et demi; deux d'entre eux six ans et demi; trois autres cinq ans et demi; quatre autres quatre ans et demi; et les sept restants trois ans et demi.

Une seule compagnie a opéré dans les hautes mers la pose de trente câbles qui font un total de 6 649 milles de longueur, et elle n'a pas eu un schelling à dépenser en réparations.

Le câble le plus long qui ait été posé fut celui qu'on nomme l'Atlantique, partant de Valence, sur la côte occidentale de l'Irlande, et s'étendant jusqu'à la baie de la Trinité sur le banc de Terre-Neuve : il compte 1 950 milles de longueur. Il fut posé le 7 août 1858, mais il ne tarda pas à être hors de service en raison de sa défectueuse confection. Le plus grand câble qui fonctionne aujourd'hui est celui de Malte à Alexandrie; il compte 1 535 milles; il a plus d'une année d'existence, et n'a pas donné lieu à des réparations. La plus grande profondeur des mers qui ont reçu des câbles dans leurs fonds est de 2 500 brasses, profondeur trouvée dans l'Atlantique.

Le câble aujourd'hui déposé à la plus grande profondeur est celui qui va de France en Algérie, et qui porte sur lui, depuis plus de deux ans qu'il existe, 1 585 brasses d'eau.

D'après le rapport d'une commission nommée par le gouvernement anglais, à la suite de la rupture du *câble atlantique*, celui-ci a pu supporter une pression d'eau de huit milles de hauteur.

Les sondages opérés par la marine des États-Unis, lesquels, sur trente-quatre points différents, ont recueilli les matériaux organiques et inorganiques du sein des mers profondes, démontrent qu'il n'existe pas de courants dans le fond de l'Océan, et que tout y demeure en repos. Il est donc inutile et même nuisible d'armer les fils métalliques conducteurs d'une résistance qui n'est exigée par aucune force de vent ni de courant.

Les câbles bien fabriqués dont les communications ont subi une solution de continuité ont été rompus sur les côtes par les ancres des navires naviguant sur les eaux desdits câbles. Il a été ainsi pour le câble de Holyhead à Liverpool et pour celui du canal de la Manche.

Nous voyons donc qu'il existe des câbles servant depuis douze ans; qu'on en a établi qui atteignent une longueur de 1 950 milles, ainsi qu'une profondeur de 2 500 brasses; qu'ils fonctionnent jusqu'à une longueur de 1 535 milles et jusqu'à une profondeur de 1 585 brasses; qu'ils peuvent résister à une charge d'eau de huit milles de hauteur; que dans le fond de l'Océan, il n'existe pas de forces qui concourent à leur destruction; et que les avaries subies par quelques-uns sur les côtes sont dues aux ancres des navires.

Ces faits importants promettent un succès assuré aux lignes ne dépassant pas 1 500 milles, limite que quant à présent nous ne prétendons pas outre-passer.

Les sections courtes rendent aussi bien plus facile et moins coûteux l'établissement des lignes. En cas de solution de continuité dans les communications, on peut reconnaître immédiatement où elle s'est produite; et, en raison du peu de longueur de la partie endommagée, la réparation en est très-prompte. Cela permet également de substituer, en attendant, et bien que d'une manière imparfaite, aux signaux électriques d'autres moyens de communication.

Du reste, la pose des conducteurs que nous proposons ne laisse rien à craindre dans les mers tranquilles, quelles qu'en soient la largeur et la profondeur : or, ces mers et ces beaux temps sont fréquents dans la zone de l'Océan à laquelle nous donnons notre préférence pour les lignes d'Europe aux Amériques, de l'Atlantique au Pacifique.

Nous allons ici même insérer un tableau des câbles sous-marins les plus importants établis jusqu'aujourd'hui.

ÉTAT DES LIGNES SOUS-MARINES LES PLUS IMPORTANTES EN EXPLOITATION.

Année de leur installation.	LIGNES.	Longueur des câbles, en milles anglais.	Longueur du fil métallique isolé, en milles anglais.	Hauteur de la charge d'eau, en brasses.	Temps de service.
1851	De Douvres a Calais....	25	—	—	12 ans
1852	De Douvres à Ostende	75	—	—	11 ans
1853	De l'Angleterre à la Hollande... ..	115	—	—	9 ans 1/2
1854	De la Suède au Danemark.........	12	36	14	8 ans 1/2
1854	De l'Italie à la Corse...........	110	600	335	8 ans. 1/2
1854	De la Corse à la Sardaigne...... ..	10	60	20	8 ans 1/2
1854	De Holyhead à Howth...............	73	—	—	
1855	De Varna a Balaklava.........	340	—	—	
1855	De Balaklava a Eupatoria.........	60	—	—	
1855	D'Egypte............................	10	40	—	7 ans 1/2
1855	De l'Italie à la Sicile...........	5	5	27	7 ans 1/2
1855	De l'Angleterre à la Belgique......	80	—	—	
1856	De Terre-Neuve au cap Breton ...	85	85	360	6 ans 1/2
1856	De Prince-Edouard à la Nouvelle-Brunswick..................	12	12	14	6 ans 1/2
1857	De Fiords en Norwége............	49	49	300	5 ans 1/2
1857	Lignes transversales du Danube ...	3	3	—	5 ans 1/2
1857	De Ceylan à la terre ferme dans l'Inde.......................	30	30	—	5 ans 1/2
1858	De l'Italie à la Sicile..........	8	8	60	4 ans 1/2
1858	De l'Angleterre en Hollande........	140	560	30	4 ans 1/2
1858	De l'Angleterre au Hanovre.......	280	560	30	4 ans 1/2
1858	De Fiords en Norwége............	16	16	300	4 ans 1/2
1859	Alexandrie.......................	2	8	—	3 ans 1/2
1859	De l'Angleterre au Danemark......	368	1104	30	3 ans 1/2
1859	De Suède en Gothie...............	64	64	80	3 ans 1/2
1859	De Folkestone à Boulogne........	24	144	32	3 ans 1/2
1859	De Liverpool à Holyhead.........	25	50	14	3 ans 1/2
1859	Dans les fleuves de l'Inde..........	10	10	—	3 ans 1/2
1859	De Malte en Sicile..............	60	60	79	3 ans 1/2
1859	De l'Angleterre à l'île de Man......	36	36	30	3 ans 1/2
1859	De Jersey à Pirou en France.......	21	21	15	3 ans 1/2
1860	De Barcelone à Mahon...............	180	—	1400	
1860	De Majorque à Minorque..........	33	—	—	
1860	De Minorque à Iviça..............	74	—	—	
1860	D'Iviça à San Antonio.............	76	—	—	
1860	De France en Algérie.............	550	520	1535	2 ans 1/2
1860	De Corfou à Otrante...............	90	90	1000	2 ans 1/2
1861	De Fiords en Norwége.............	16	16	800	2 ans
1861	De Toulon en Corse..............	195	195	1550	2 ans
1861	De Malte à Alexandrie...........	1535	1535	420	1 ans 1/2
1862	De Abermar, Pembroke, Grenor à Wexford......................	63	252	58	1 ans
1862	D'Angleterre en Hollande..........	130	520	30	8 mois

DEUXIÈME PARTIE

L'Europe et l'Amérique, ces deux régions de la population la plus civilisée, la plus active et la plus riche du globe, séparées par les deux Océans, trop longtemps n'ont eu entre elles que des communications irrégulières, hasardeuses et toujours tardives. Les grandes distances qui séparent les deux mondes, seulement franchissables au prix de nombreux dangers, s'opposent sans cesse à l'active et rapide circulation qui porte sur tous les points du globe la génération actuelle. Ces distances avivent les souhaits de pouvoir rapprocher les familles et les intérêts séparés par de lointains rivages, et ce fut là le motif de divers projets tendant à atteindre ce but désiré. C'est ainsi qu'on en a cherché la réalisation en plongeant le fil télégraphique avec ses courants électriques sous les flots frémissants des océans Atlantique et Pacifique qui se trouvent entre nous, et en lui faisant franchir d'une extrémité à l'autre ces grandes régions hydrographiques situées à l'orient et à l'occident de l'Europe.

Les lignes sous-marines télégraphiques en projet pour l'occident de l'Europe traversent l'Atlantique, et arrivent aux Amériques par diverses latitudes. Les lignes orientales, qui traversent le Pacifique, entourent la terre presque en entier en traversant toute l'Europe et toute l'Amérique septentrionale.

Les lignes projetées pour l'occident de l'Europe sont:

La ligne ANGLO-SAXON-NORD-AMÉRICAINE, c'est-à-dire celle dont les bouts de ligne sont dans les îles Britanniques d'un côté, et de l'autre dans l'Amérique du Nord;

Les lignes FRANCO-AMÉRICAINES, c'est-à-dire celles dont les points extrèmes sont en France d'une part, et de l'autre dans l'Amérique du Nord, au centre et au sud de celle-ci;

Les lignes IBÉRO AMÉRICAINES, c'est-à-dire celles qui aboutissent d'un côté dans la Péninsule ibérique et de l'autre dans l'Amérique du Nord, au centre et au sud de celle-ci :

Les lignes projetées à l'orient de l'Europe sont les lignes RUSSO-NORD-AMÉRICAINES, dont les points extrèmes dans l'Océan sont la Russie et l'Amérique du Nord.

Décrivons chacune de ces lignes, pour ensuite les comparer entre elles.

CHAPITRE PREMIER.

LIGNES OCCIDENTALES DE L'ATLANTIQUE.

I

LIGNES ANGLO-SAXON-NORD-AMÉRICAINES.

Il y a deux lignes sous-marines auxquelles peut s'appliquer cette dénomination : l'une d'elles qui a été établie et a fonctionné, peu de temps à la vérité, en 1858 ; et l'autre, qui a été projetée ensuite, devant être située plus au nord.

Ligne d'Irlande à Terre-Neuve.

La première partait de Valence sur la côte occidentale d'Irlande, se dirigeait à la baie de la Trinité dans l'île de Terre-Neuve ; et de Saint-Jean, capitale de cette île, elle allait communiquer avec New-York par le moyen d'un câble qui déjà existait alors et existe encore dans le golfe de Saint-Laurent.

La section la plus longue de ce câble, entre Valencia et New-York, a été celle de Valence à la baie de la Trinité. Sa longueur était de 2 200 milles.

Les plus grandes profondeurs de son trajet ont été de 1 500, 1 750 et 2 500 brasses.

L'histoire de cette mémorable entreprise a beaucoup appris à la télégraphie sous-marine.

En 1856, fut constituée la compagnie télégraphique de l'Atlantique, de New-York à Terre-Neuve et à Londres.

Le gouvernement anglais et le gouvernement italien lui

octroyèrent des concessions libérales : le droit exclusif d'établir des câbles sur les côtes du Labrador, de Terre-Neuve, de l'île du Prince-Édouard et dans l'État du Maine ; une garantie de 8 p. 100 d'intérêt annuel sur les capitaux employés dans l'entreprise ; une subvention annuelle de 14 000 livres sterling données par chacun des gouvernements comme montant au minimum de leurs dépêches, et en plus l'obligation contractée de couvrir l'excédant qu'il pourrait y avoir, conformément au tarif : telles furent les principales concessions faites en Europe et en Amérique à la compagnie.

Le budget de l'ouvrage en entier fut fixé à 350 000 livres sterling, et le capital social divisé en actions de 1 000 livres chacune, pour que le câble fût installé en 1857.

En février 1857, MM. Glass, Elliot et Cᵉ, de Greenwich, procédèrent à la fabrication de 2 500 milles de câble, laquelle fut achevée en juin de la même année.

Le *Niagara*, vapeur de guerre des États-Unis, du port de 5 000 tonneaux, et l'*Agamemnon*, de la Grande-Bretagne, de 3 200 tonneaux, prirent à leur bord le câble par moitié, c'est-à-dire 1 250 milles pour chacun d'eux.

Le 7 août 1857, le premier de ces navires sortit de Valence pour Terre-Neuve en déposant le câble ; le 11, après que 335 milles eurent été plongés, le câble se rompit à la profondeur de 2 500 brasses.

Le 10 juin 1858, les navires sortirent de nouveau de Plymouth ; mais, après une navigation de trois jours, une de ces tempêtes si fréquentes dans les mers du Nord, laquelle dura neuf jours consécutivement, mit en grand péril l'*Agamemnon*, lui causa des avaries, donna lieu à ce que deux de ses marins fussent blessés et à ce qu'un autre fût frappé de folie par la frayeur dans laquelle le jeta la tourmente.

A la suite de plusieurs autres tentatives qui échouèrent, tantôt par la rupture du câble, tantôt par l'interruption des courants électriques qu'on appliquait aux fils conducteurs, on réussit enfin à poser le câble en entier, opération qui s'effectua du 17 juillet au 6 août 1858.

Le 16 de ce dernier mois, à onze heures douze minutes du matin, furent inaugurées les communications télégraphiques entre l'Europe et l'Amérique par le télégramme mémorable ci-dessous, transmis de Terre-Neuve à Valence :

« Le câble électrique est fixé sur le continent américain.
« Les signaux arrivent bien.
« En recevant ce télégramme, mettez un genou en terre, et bénissez Dieu qui aide et récompense le travail de l'homme.

D'Europe arriva cette réponse :

« L'Europe et l'Amérique sont unies par le télégraphe.
« Gloire à Dieu dans les cieux, et sur la terre paix aux hommes de bonne volonté. »

Sur les côtes et même dans l'intérieur de l'Amérique du Nord, on célébra soudain cet événement inouï. Le triomphal retentissement des cloches à toute volée, les salves de l'artillerie, les illuminations allégoriques, les banderoles nationales et les chants de Guttenberg solennisèrent au sein de toutes ces populations, presqu'à la même heure, la jonction de l'ancien monde avec le nouveau. Ciro William Field, qui avait pris une large part à cette entreprise bénie, fut promené en triomphe durant seize heures au milieu d'un million d'âmes de la ville de New-York, et accompagné d'un cortége de vingt mille personnes appartenant à l'élite de cette cité, qui le reconduisirent avec des flambeaux à sa demeure.

Ces démonstrations spontanées de joie publique et d'allégresse générale témoignent de la haute valeur qui fut donnée à un fait prodigieux.

Le télégraphe cessa de fonctionner le 1er septembre. Dans les vingt-trois jours de transmission efficace, 271 télégrammes, comptant 2 885 mots et 14 168 lettres, eurent cours de Terre-Neuve à Valence, ainsi que 129 télégrammes de Valence à Terre-Neuve, composés de 1 474 mots et de 7 253 lettres, ou, soit dit en somme, 400 télégrammes, 4 359 mots et 21 421 lettres.

Il n'est pas difficile de s'expliquer la cessation des courants électriques. La fabrication du fourreau des fils conducteurs par MM. Glass, Elliot et Cᵉ avait été très-défectueuse. Comme tout le câble resta longtemps exposé, à Greenwich, aux rayons brûlants d'un soleil d'été, sans être couvert ni abrité, il en résulta que la gutta-percha destinée à envelopper et à isoler parfaitement les fils conducteurs, ne le fit qu'en partie, et avec des solutions de continuité qui déjà laissaient voir çà et là les fils de cuivre avant qu'ils ne fussent chargés à Liverpool sur les vapeurs *Niagara* et *Agamemnon*. Ces défectuosités furent aussi cause qu'avant que tout le câble eût été posé, les signaux électriques échangés entre les deux navires pendant le temps de son immersion souffrirent de nombreuses interruptions.

Le service d'une ligne sous-marine télégraphique passant de Terre-Neuve en Irlande, plus étendue que toutes celles qui ont été établies jusqu'à ce jour, présenterait les inconvénients que nous avons signalés pour les conducteurs d'une grande longueur : grandes pertes dans l'intensité des courants ; grands retards dans les manifestations des signaux. En outre, la pose d'un tel câble dans des mers qui, une grande partie de l'année, sont le théâtre des tempêtes, des brumes épaisses et des avalanches produites par des montagnes de glace, est toujours une opération difficile ; et, bien qu'elle ne soit pas impossible, elle peut être très-aventurée.

Cette ligne pourrait avoir contre elle une autre chance d'insuccès, celle qu'on a présentée concernant la souscription de capitaux en Amérique. Les stations extrêmes, l'Irlande et Terre-Neuve, sont anglaises, et, par conséquent, anglaise serait la dénomination de fait sur ladite ligne. Or, si, à l'encontre de ce que nous devons souhaiter, arrivait le jour d'une rupture entre l'Amérique du Nord et la Grande-Bretagne, nous ne savons pas si, en dépit de la neutralité qui serait acquise à cette ligne par les traités, le Royaume-Uni, se considérant, à tort ou à raison, en droit d'exercer des représailles, observerait fidèlement cette neutralité.

Ce doute si grand qui se dressait devant le président des États-Unis au moment même où l'expansion populaire célébrait la jonction de l'Europe et de l'Amérique, lui faisait dire, dans son message à la reine d'Angleterre, que le télégraphe atlantique « devrait toujours demeurer neutre, que les communications en devraient être considérées comme chose sacrée, et arriver à leur destination, fût-ce même au milieu de luttes hostiles. »

D'Écosse au Labrador.

Malgré le mauvais succès qu'eut l'entreprise ci-dessus, elle fut considérée comme ayant réalisé le grand événement du siècle, du moins dans le court espace de ses beaux jours ; et on projeta cette autre ligne plus au nord, où l'on voit le nombre des câbles augmenté en même temps que ses longueurs partielles sont diminuées.

2

Sections.	Distances en milles.	Maximum des profondeurs en milles.
Iles Feroe,	225	
Islande,	220	300
Groenland,	800	1 372
Hamilton dans le Labrador,	550	2 032

La plus grande longueur de câble est de 800 milles, et le sondage à la plus grande profondeur est de 2 032 brasses.

Les glaces, qui de tous côtés tiennent ces îles bloquées, rendent difficiles la pose et la réparation des câbles, et l'importance de ces mêmes îles traversées par ceux-ci est très-secondaire, tant à cause de leur faible population que parce qu'elles sont peu fréquentées par les navigateurs.

II

LIGNE FRANCO-AMÉRICAINE.

De Brest à Valence, Terre-Neuve et Miquelon.— De Bordeaux à Boston.

M. Cire Field sollicita du gouvernement français la concession pour cinquante ans de la ligne de Brest à Valence, et le privilége exclusif d'établir une communication entre Terre-Neuve et les îles Saint-Pierre et Miquelon.

Le gouvernement français ne voulut pas accéder à cette demande, pour éviter que ses communications dépendissent du câble anglo-saxon, et il préféra être relié avec l'Amérique par une ligne qui partît d'un point proche de Bordeaux et traversât l'Océan dans sa plus grande largeur, pour aboutir à ses îles de Saint-Pierre et de Miquelon dans l'Amérique du Nord, ou bien qui, partant de Bordeaux, se reliât directement, soit au cap Finistère, soit à Lisbonne, soit au cap Saint-Vincent, avec la ligne ibéro-américaine.

Voici un de ces projets :

Sections.	Distances en milles.
Bordeaux,	
Finistère,	403
Lisbonne,	270
Saint-Michel et Florès, aux Açores,	1.055
Boston,	1 930

En plus de la grande longueur de cette dernière travée, ce tracé a l'inconvénient de traverser l'Océan entre les 36° et 40° de latitude nord, qu'on suppose comprendre la partie la plus profonde de l'Atlantique.

Les concessions qu'a faites le gouvernement français en admettant ces tracés ont cessé d'être en vigueur; et la ligne qui réunit les meilleures conditions praticables pour la France est celle qui, de Saint-Nazaire, port d'où partent ses paquebots-courriers d'Amérique, devrait aller au cap Finistère en Espagne, à Lisbonne en Portugal, et s'embrancher à Madère avec la ligne qui passera par cette île pour se diriger vers l'hémisphère américain.

III

LIGNES IBÉRO-AMÉRICAINES.

LA PÉNINSULE IBÉRIQUE ET LE BRÉSIL SONT LES DEUX PAYS LES MIEUX SITUÉS SUR
LES CÔTES DE L'ATLANTIQUE POUR DES STATIONS CONTINENTALES DE LA LIGNE
EUROPÉO-AMÉRICAINE. — EXAMEN DES TRACÉS PRATICABLES. — CONDITIONS
AVANTAGEUSES DE LA LIGNE IBÉRO-SUD-AMÉRICAINE AVEC SA PROLONGATION AU
NORD-AMÉRIQUE ET SES RAMIFICATIONS AVEC LE GOLFE DU MEXIQUE ET LE
PACIFIQUE.

Lorsqu'on se propose de relier télégraphiquement l'Europe
avec les Amériques, en se dégageant d'affections pour tels
pays ou telles races, en considérant cette entreprise au point
de vue d'un véritable intérêt cosmopolite, ce qui se présente
tout d'abord à la pensée, c'est d'ouvrir une communication à
travers l'Océan dans sa moindre largeur et sous des latitudes
peuplées, en la conduisant de la côte la plus occidentale d'Europe, qui est espagnole, à la côte la plus orientale d'Amérique, qui est brésilienne. Ce trajet, du cap Saint-Vincent en
Europe au cap Saint-Roch en Amérique, a de plus l'avantage
de passer par beaucoup d'îles très-importantes et par plusieurs caps et bancs heureusement situés pour subdiviser la
longueur de la ligne en échelles très-courtes, moindres de
beaucoup que celles qui se trouvent sous d'autres parallèles.

La Péninsule ibérique et le Brésil sont donc les pays qui,
par la configuration des mers et des continents, sont destinés
mieux que tous autres à devenir les stations télégraphiques
du monde pour les communications entre les deux hémisphères.

Mais, lors même que l'Espagne songerait, à tort, à nationa-
liser l'entreprise universelle d'unir l'Europe et l'Amérique,
comme on l'a tenté dans la Grande-Bretagne en reliant
l'Irlande avec l'île anglaise de Terre-Neuve, comme en

France on en a eu l'idée en projetant de relier Bordeaux avec l'île de Miquelon; lors même, disons-nous, que l'Espagne se proposerait seulement de se mettre en communication avec ses trois grandes îles de Porto-Rico, Saint-Domingue et Cuba, le problème n'aurait pas une solution plus favorable.

En effet, c'est à trois régions distinctes de l'Amérique que peuvent être portées les lignes qui partiraient de la Péninsule ibérique : à l'Amérique septentrionale ou anglo-saxonne; à l'Amérique centrale ou des provinces espagnoles ; à l'Amérique méridionale ou ibéro-sud-américaine.

Les tracés compris dans la première région sont les mêmes qui ont été déjà indiqués plus haut entre Lisbonne et Boston par les Açores, ou le tracé projeté depuis le cap Finistère par les Açores, Saint-Pierre et Miquelon, le Canada et les Etats-Unis.

Le tracé qui concerne la deuxième classification est celui qui partant du cap Saint-Vincent se dirige aux Antilles espagnoles par les Açores, Florès et les Bermudes.

Le tracé qui appartient à la troisième direction est celui qui partant de Saint-Vincent, Lisbonne ou Cadix, passe par les îles espagnoles, portugaises et le Brésil.

Les deux derniers tracés sont ceux qui indubitablement méritent la préférence, et entre les deux celui du Sud est le plus avantageux, comme nous le ferons remarquer.

Nous avons déjà dit que les directions qui pourraient appeler la préférence sont :

Le tracé direct qui de Lisbonne traverse l'Océan dans sa plus grande largeur, et que nous pourrions considérer comme central ;

Le tracé qui traverse l'Océan dans sa moindre largeur, et où la partie la plus occidentale de l'Afrique se rapproche de la partie la plus orientale de l'Amérique : lequel tracé ayant pour points de départ ou Lisbonne, ou le cap Saint-Vincent, ou Cadix, et ne s'éloignant pas de la côte d'Afrique, s'appuie sur les îles de cet hémisphère jusqu'aux latitudes où les deux mondes resserrent l'Océan. Nous pouvons le considérer comme le tracé méridional.

Le tracé central partirait de Lisbonne, et, s'appuyant sur les Açores, les Bermudes et les îles de Bahama autrement dites Lucayes, il conduirait le câble sous-marin aux Grandes Antilles, après avoir traversé les herbes marines, les prairies océaniques qui embrassent une étendue six ou sept fois grande comme la Péninsule ibérique, et qui, situées entre les Açores, les Bermudes et les îles de Bahama, sont connues sous le nom de mer de *las Sargasas*.

Le câble méridional, dirigé au cap Saint-Roch pour passer de l'Amérique du Sud aux Grandes Antilles par les îles au vent ou par l'Amérique centrale, peut donner lieu, dans son trajet de l'Océan, aux trois projets suivants :

A. Le plus direct : Du cap Saint-Vincent, de Lisbonne ou de Cadix aux îles Canaries, à celles du Cap-Vert ou bien au cap Saint-Roch.

B. Du cap Saint-Vincent, de Lisbonne ou de Cadix à l'île Madère, aux îles Canaries, à celles du Cap-Vert, de Saint-Paul ou Penedo de San Pedro, au cap Saint-Roch.

C. Le plus long, mais celui qui compte le moins d'échelles : Du cap Saint-Vincent à l'île Madère, aux Canaries, au cap Blanc, qui est le plus occidental sur la côte d'Afrique, aux îles du Cap-Vert, à Penedo de San Pedro, à Fernando Noronha et au cap Saint-Roch.

Le tracé le plus long est celui qui sert un plus grand nombre d'intérêts; celui par conséquent dont la mise en œuvre doit trouver le plus d'appui; celui qui offre le plus de garanties quant à sa neutralité en cas de guerre; celui enfin qui compte le moins d'échelles, et conséquemment présente le plus de facilités pour son exécution et la réparation des avaries en cas de sinistres. Toutes les études que nous avons faites nous font concevoir les plus flatteuses espérances pour la réussite de ce tracé.

La longueur de ses travées serait, comme nous l'établissons ci-dessous, bien moindre que celle du câble de 1 535 milles qui relie Malte et Alexandrie, lequel, ainsi que nous l'avons dit, fonctionne depuis plus d'un an sans aucun accident.

Sections.	Distances en milles.
De Cadix à Porto-Santo aux îles Madère,	646
De Porto-Santo à Ténériffe des Canaries,	348
De Ténériffe au cap Blanc,	533
Du cap Blanc à l'île Brava du groupe du Cap-Vert,	652
De Brava au Penedo de San Pedro,	1 009
De Penedo de San Pedro à Fernando Noronha,	392
De Fernando Noronha au cap Saint-Roch.	226

On reconnaît ici que la section de la plus grande longueur dans la grande ligne destinée à unir les deux mondes par Cadix et le cap Saint-Roch, est celle allant de l'île Brava au Penedo de San Pedro, de 1 009 milles anglais mesurés sur la surface de l'Océan; mais il y a encore lieu de croire que cette longueur et autres appartenant aux sections restantes peuvent être diminuées, si l'on met à profit des îles, des roches, des bancs et des récifs entre ces deux stations :

Entre la Péninsule ibérique et Porto-Santo des îles Madère, on signale dans cette direction, bien que sur un point indéterminé, les *Ocho Piedras* (Huit Pierres). Entre Porto Santo et les Canaries on rencontre, un peu écartés à l'est, l'île Sauvage et le rocher Piton;

Du cap Blanc et dans la direction de l'île Brava du groupe du Cap-Vert, on pourra passer par *Dom Felix Shoal*, bas-fond de 4 à 5 pieds, porté sur les cartes à 19° 30' de latitude, et reconnaître si existent en réalité les *Rocas Bonetta*, indiquées comme situation incertaine, ainsi qu'un récif, d'une situation également douteuse, dans le voisinage de l'île de Buena-Vista du groupe du Cap-Vert;

Entre l'île Brava et Penedo est indiquée la *Roche de Long-champs*, dont la situation est donnée sur les cartes comme très-incertaine (1), à environ 9° 50' de latitude; puis vient le *Banc du capitaine Walker*, découvert en 1830, ayant 46 brasses d'eau et se trouvant situé à 4° 30', un peu écarté à l'est de la direction qui unit la Brava et le Penedo;

Près du Penedo de San Pedro se trouve indiqué un récif de corail, découvert en 1822, d'une situation incertaine, à environ 20' de latitude au sud de cette île; puis un autre rocher de corail, le *Passodnik* (qui pourrait bien être le même), fixé en 1860 par le navire de guerre russe *Passodnik*, et par le navire américain *Sea Serpent*, de New-York, à 0° 35' de latitude N. et 28° 10' de longitude O. de l'Observatoire de Greenwich (2).

(1) Le capitaine de vaisseau Alvin, de la marine brésilienne, fut commissionné par son gouvernement, en 1864, pour déterminer la situation de cette roche, et il ne l'a pas trouvée. Les dernières cartes de l'amirauté anglaise l'ont supprimée.

(2) Le capitaine de vaisseau des Etats-Unis, M. Gillis, directeur en chef de l'observatoire astronomique de Washington, à qui nous devons de la reconnaissance pour l'accueil favorable fait par lui à notre entreprise, nous a fait obtenir copie d'une communication que son prédécesseur, M. Maury, avait adressée au ministre de la marine pour lui notifier l'existence de la roche *Passodnik*, et lui demander qu'on explorât cette région de l'Océan, si fréquentée par les navigateurs sur des navires d'un petit tirant d'eau. Si la guerre civile de l'Amérique du Nord n'eût pas occupé toute sa marine, nous posséderions aujourd'hui des notions très-importantes quant à ces latitudes.

L'orographie de l'Océan est peu connue, et nous ne pouvons pas encore en figurer exactement le fond en relief dans le trajet de la ligne télégraphique projetée entre la Péninsule ibérique et le Brésil. Néanmoins les travaux de sondage déjà pratiqués, et dont nous nous sommes procuré les états tant en Europe qu'en Amérique, sont suffisants pour démontrer les bonnes conditions d'exécution que présenterait l'entreprise.

Les profondeurs de l'Océan entre le cap Saint-Vincent, l'île de Madère, les Canaries et le cap Blanc d'Afrique, ne paraissent pas plus considérables que celles où d'autres câbles ont été posés.

Presque à la même hauteur que les îles Madères, mais à quelques degrés plus à l'ouest, parage le plus profond de l'Océan, le lieutenant de vaisseau Berryman, montant le brick *Dolphin*, sonda le fond en 1853 à 2 150 brasses.

Du cap Blanc au cap Vert s'étend le banc de sable où fit naufrage la frégate *la Méduse*.

Au nord des îles du Cap-Vert il y eut des sondages pratiqués en 1851 par le lieutenant de vaisseau Lee, à bord du *Dolphin*, lesquels mesurèrent de 1 970 à 1 612 brasses ; à l'est, de 790 à 1 941 ; au sud, 1 120 brasses. Sous le même méridien que celui de l'île Saint-Nicolas, appartenant à l'archipel du Cap-Vert, et éloignée de l'île Saint-Antoine, du même groupe, de 33 lieues marines, le commandant Polo de Bernabé, de la corvette *Villa de Bilbao*, trouva le fond à 2 270 brasses.

Au sud-est du Penedo de San Pedro et à 122 lieues marines de cette île, le commandant Polo de Bernabé, à bord de la *Villa de Bilbao*, sonda en 1857 à 2 280 brasses, et trouva un fond de vase claire.

A partir du Penedo de San Pedro jusqu'au cap Saint-Roch, aucun sondage ne peut mesurer 2 500 brasses.

En arrivant à San Roque, les fils électriques auraient à se relier à ceux qui devraient longer la côte méridionale de l'Amérique jusqu'aux confins de la Patagonie ; et, sur la côte septentrionale du Brésil, ils pourraient prendre une des deux directions suivantes : repartir vers l'île de la Trinité, en passant par les Petites Antilles, autrement îles au vent, Porto-Rico et Saint Domingue, pour arriver à Cuba, ou suivre par terre la côte occidentale du Centre-Amérique jusqu'à ce qu'ils arrivent dans le golfe du Mexique, et de là aux Grandes Antilles. Nous préférons, comme plus sûr, le premier trajet avec sa station à l'embouchure du fleuve des Amazones, le plus large du globe, et qui est appelé à un brillant avenir dans les communications du grand empire du sud..

Les longueurs des sections constituant la ligne du cap Saint-Roch aux Grandes Antilles sont ainsi qu'il suit :

Sections.	Distances en milles.
Du cap Saint-Roch à l'embouchure méridionale du fleuve des Amazones,	1 064
De l'embouchure méridionale du fleuve des Amazones à la Trinité,	1 096
De la Trinité à Porto-Rico,	584.
De Porto-Rico à la baie de Samana,	183
De Samana au cap Maisi (île de Cuba),	320

Celles d'entre ces sections qui rangent les côtes peuvent être placées à la profondeur que l'on veut, et quant à celles qui sont destinées à relier les îles ci-dessus, elles trouvent fond à moins de 1 000 brasses.

La Grande Antille, eu égard à sa situation à l'entrée du golfe du Mexique et en face de l'Amérique du Nord ainsi que du Centre-Amérique, doit être naturellement la station centrale pour les lignes télégraphiques qui uniront entre elles ces parties du nouvel hémisphère et les relieront à l'Europe.

Ces lignes sont :

De Cuba à New-York dans le nord ;

De Cuba à Vera-Cruz dans le golfe du Mexique ;

De Cuba à Colon dans le Centre-Amérique.

La dernière ligne, qui se dirige à l'isthme de Panama, établit la communication entre l'Atlantique et le Pacifique.

De Cuba à New-York.

La ligne de Cuba à New-York, que nous considérons comme la prolongation et la partie principale de la ligne qui, partant de la Péninsule ibérique en Europe, borde les îles et les côtes du sud dans les deux mondes, part de la Havane dans l'île de Cuba. De ce point, passant entre les États-Unis du Sud et les îles de Bahama par le golfe des Courants (*Gulfstream*), on peut aller, sans besoin d'aucun point d'appui, à New-York, si l'on ne veut pas faire de stations dans les îles que nous venons d'énoncer.

La distance entre ces deux points, mesurée sur la surface de l'Océan, est de 1 347 milles anglais.

Les excellentes cartes des côtes de l'Amérique du Nord et des parages situés dans ses eaux, levées par le gouvernement des États-Unis, nous démontrent que la ligne télégraphique peut s'établir à la distance de la côte et à la profondeur que l'on voudra.

Les profondeurs entre Cuba et les États-Unis du Sud, suivant le golfe des Courants (*Gulf stream*), ne vont pas au delà de 600 brasses, d'après les sondages du lieutenant Taylor à bord du brick *Albany*, des États-Unis.

De Cuba au Mexique.

La ligne de Cuba au golfe du Mexique, ramification importante de la grande ligne, doit partir du cap Saint-Antoine,
le plus occidental de l'île de Cuba, pour aller au cap Catoche
dans le golfe du Mexique, ou bien traverser directement le
canal de l'Yucatan, et, tournant le banc de Campêche, entrer
dans les eaux de Vera-Cruz.

Les distances partielles de cette ligne sont :

Sections.	Distances en milles
Du cap Saint-Antoine au cap Catoche,	131
Du cap Catoche à Vera Cruz,	611

Les profondeurs peuvent être de 100 à 170 brasses,
vers le banc de Yucatan et dans le voisinage de l'isthme de
Tehuantepec ; de là jusqu'à Vera-Cruz il n'y a pas de sondage qui donne plus de 900 brasses.

De Cuba à Colon.

L'importante ligne destinée à relier l'Europe et l'Amérique,
ainsi que l'Atlantique au Pacifique, part de Santiago de Cuba,
attaque le cap Morante, le plus oriental de la Jamaïque, et de
là atteint Colon.

Sections.	Distances en milles.
De Santiago de Cuba au cap Morante,	143
Du cap Morante à Colon,	647

Les profondeurs de la mer ne sont d'aucune importance,
et elles peuvent être diminuées autant qu'on le voudra, si
l'on s'approche des roches de Portland, du banc de Pedro,
des bas-fonds nouveaux, des bancs de Serrana et du banc
Roncador, lesquels se trouvent dans la mer des Antilles et
dans le golfe de Guatemàla, un peu écartés à l'est de la direction en droite ligne du cap Morante à Colon.

CHAPITRE II.

LIGNES ORIENTALES DU PACIFIQUE.

LIGNES RUSSO-NORD-AMÉRICAINES.

PAR LE DÉTROIT DE BEHRING. — PAR LES ILES ALÉOUTIENNES.

Deux tracés ont été proposés pour unir télégraphiquement l'Europe à l'Amérique en reliant l'empire russe à la république anglo-américaine.

L'un d'eux prend le détroit de Behring, dont la largeur est de 50 milles, et où il semble que vont se joindre les deux hémisphères comme point de passage pour établir la ligne télégraphique entre l'Europe et l'Amérique.

L'autre tracé russo-nord-américain, au lieu de traverser la Sibérie et le détroit de Behring comme le premier, traverse les mers depuis Petropalowski dans le Kamtchatka (péninsule d'Aliaska), en s'appuyant sur les îles Aléoutiennes; puis par l'intérieur de l'Amérique russe, ou bien, longeant les côtes de celle-ci, il gagne l'Amérique anglo-saxonne, pour aller de ce point à la Nouvelle-Arkhangel, à San Francisco de Californie, à Panama, au Pacifique d'une part, de l'autre à Saint-Louis, Washington et New-York.

La première de ces lignes, celle du détroit de Behring, ne pourrait être entretenue ni être exploitée activement; et il serait peut-être impossible de l'établir d'une manière permanente, attendu que son tronçon de télégraphe aérien traverse un pays de neiges perpétuelles.

La ligne sous-marine du second tracé, qui passe par les îles Aléoutiennes, est presque aussi longue que le câble Atlantique établi en 1858 entre Valence en Irlande et la baie de la Trinité à Terre-Neuve; mais il y a plus de soixante-dix îles qui échelonnent ce parcours, et facilitent la pose de ce câble russo-américain.

Nonobstant cette condition où se trouve la partie sous-marine, les autres conditions relatives au climat, à l'état sauvage, au manque de toute espèce de ressources en Sibérie et au Japon, pays que traversent les deux tracés, font rejeter tout d'abord le premier, et préviennent fort contre le second tracé, celui des câbles orientaux.

CHAPITRE III.

RÉSUMÉ DES LIGNES PROJETÉES POUR UNIR L'EUROPE
ET LES AMÉRIQUES, L'ATLANTIQUE ET LE PACIFIQUE. —
FIN DE LEUR EXAMEN CRITIQUE.

Nous présentons ici en résumé les lignes comparées :

Lignes anglo-saxon-nord-américaines.

A.   Par l'Écosse, les îles Feroe, l'Islande, le
Groënland et le Labrador :

Le câble de la plus grande longueur a 800
milles marins ;

La longueur totale est de 1 775 milles ;

La plus grande profondeur est de 2.052
brasses.

B.   Par Valence d'Irlande à la baie de la Trinité
dans l'île de Terre-Neuve, ligne établie en 1858 :

La plus grande et l'unique longueur en est
de 2 200 milles anglais ;

La plus grande profondeur, de 2 500 brasses.

Lignes franco-américaines.

De Bordeaux au cap Finistère, Lisbonne, les
Açores et Boston :

Le câble de la plus grande longueur est de
1 930 milles ;

La longueur totale, de 3 658 milles ;

La plus grande profondeur, de plus de 5 000
brasses.

Lignes ibéro-américaines.

Septentrionale. — De Finistère aux Açores, Miquelon, le Canada, les États-Unis et les Antilles espagnoles:

Le câble de la plus grande longueur est de 1 500 milles;

La plus grande profondeur, de plus de 5 000 brasses.

Centrale. — Du cap Saint-Vincent, Açores, Florès, Bermudes et Antilles espagnoles :

Le câble le plus long a 2 100 milles;

La plus grande profondeur est d'environ 4 000 brasses.

Méridionale. — Du cap Saint-Vincent à l'île Madère, aux Canaries, au cap Blanc, aux îles du Cap-Vert, aux Bancs découverts, au Penedo de San Pedro, à Fernando Noronha, au cap Saint-Roch, au fleuve des Amazones, à la Trinité, à Porto-Rico, à Saint-Domingue, à Cuba et à New-York :

La plus grande longueur est celle de la Havane à New-York, laquelle peut être subdivisée si l'on veut. La plus grande longueur en pleine mer, dans le cas où l'on ne trouverait pas les bancs et les bas-fonds signalés, s'étend de l'île Brava, faisant partie de l'archipel du Cap-Vert, au Penedo de San Pedro, lesquels points se trouvent entre eux à une distance d'à peu près 1 009 milles, c'est-à-dire, les deux tiers environ du câble de Malte à Alexandrie, et moins que la moitié du câble établi en 1858 dans l'Atlantique;

La plus grandeur profondeur ne doit pas atteindre 2 900 brasses.

Lignes russo-nord-américaines.

A.   Par le détroit de Behring : ·
    La longueur du câble sous-marin peut être de 50 milles.
B.   Par les îles Aléoutiennes :
    La longueur du plus grand câble sous-marin doit être d'environ 200 milles.

La jonction télégraphique de l'Europe avec l'Amérique doit s'effectuer à travers l'Atlantique, en Occident, et non pas à travers le Pacifique, en Orient.

—En comparant les tracés occidentaux, on comprendra tout de suite que, pour ce qui est des nouveaux tracés du nord, il y aura toujours d'extrêmes difficultés quant à la pose et à la conservation des lignes, en raison des courants et de la violence des mers, en raison des glaces, à cause aussi des solitudes que présentent ces régions septentrionales, puis de l'influence qu'exercent les tempêtes et l'aurore boréale dans les zones voisines du pôle.

Si l'on faisait dépendre exclusivement desdites lignes les communications électro-télégraphiques entre les deux mondes, on verrait fréquemment ceux-ci dans l'isolement où ils se trouvent entre eux aujourd'hui.

Dans les tracés du sud, les lignes totales sont plus longues que celles du nord; mais les sections de celles-là sont moins étendues que celles de l'Atlantique établies en 1858 sans succès, et celle de ces sections qui atteint la plus grande longueur mesure à peine les deux tiers de la ligne de Malte à Alexandrie. La manifestation des signaux par chacun des fils peu étendus des lignes du sud peut être plus rapide, et par cela même transmettre un plus grand nombre de communications en un temps donné que ne le feraient les longs câbles du nord.

A l'aide d'un système spécial de fabrication et de pose des fils conducteurs ainsi que des appareils télégraphiques qu'on adopterait, tel que nous l'exposerons plus tard, aucun doute de succès ne s'élève dans notre esprit quant à la ligne qui a pour point de départ en Europe la Péninsule ibérique et atteint les côtes de l'Amérique par l'empire du Brésil. Considérée physiquement, elle nous semble encore la meilleure de toutes les lignes, la plus longue à la vérité dans son trajet, mais aussi celle qui a des travées moins longues.

C'est ainsi que doit le comprendre également M. Brett, qui propose ce tracé pour relier l'Europe et l'Amérique du Sud ;

Gênes, Marseille, Barcelone, les îles Baléares, Carthagène, Gibraltar, Madère, les Canaries, l'île du Cap-Vert, Fernambouc, au Brésil, Bahia, Rio-Janeiro et Montevideo.

La politique de paix et de neutralité à l'égard des États belligérants qui s'initie, en Europe et en Amérique, chez les nations que doivent unir les lignes télégraphiques du cap Saint-Vincent au cap Saint-Roch, à New-York, Vera-Cruz et Colon, et les dépendances réciproques de ces nations pour le service télégraphique, garantissent réellement la neutralité de ces lignes : condition qu'on ne saurait trop apprécier, et d'une extrême importance politique et commerciale.

C'est enfin cette ligne qui, unissant l'Europe latine et l'A-

mérique de notre race, est, de toutes celles appréciées poli-
tiquement, la ligne préférable pour nous, puisque les anneaux
de ses fils sont comme autant de liens d'union vraiment
indestructibles et incessants qui doivent exister entre l'Espagne, le Portugal, les provinces d'outre-mer des deux
royaumes, et les républiques hispano-américaines, c'est-à-
dire entre tous les peuples de la race latine, qui comptent
plus de 90 millions d'habitants sur le globe, et devraient
étroitement se confédérer.

Avant de finir, il importe de faire observer que la ligne
dénommée par nous *ligne ibéro-américaine* est celle qui sert
le plus d'intérêts, tant en Europe qu'en Amérique. En effet,
la France, par rapport à sa Guyane et à ses Antilles en Amérique, au Sénégal, en Afrique ; la Grande-Bretagne, par rapport à la Jamaïque, les îles de Bahama, Terre-Neuve et le
Canada en Amérique, ainsi que Sierra-Leone et le cap de
Bonne-Espérance en Afrique ; le Danemark, eu égard à Saint-
Thomas ; l'Espagne, en considération des Canaries, de Cuba,
de Porto-Rico et de Saint-Domingue ; le Portugal, à cause de
Madère et le cap Vert ; puis le Brésil, le Venezuela, la Nouvelle-Grenade et les États-Unis, pays qui tous avoisinent la
grande ligne télégraphique d'union des deux mondes, ont
un intérêt très-direct à la réalisation de cette entreprise, qui
indubitablement intéresse tous les peuples civilisés de la
terre.

TROISIÈME PARTIE

UTILITÉ GÉNÉRALE DE L'ENTREPRISE.

Les services que sont appelées à rendre les lignes électro-sous-marines de l'Atlantique, leur large part d'utilité, ne peuvent être appréciés à 'priori', mais on peut tout d'abord les juger d'un intérêt suffisant pour rendre possible, économiquement parlant, l'entreprise télégraphique.

L'idée qu'on se fait aussitôt, c'est que l'utilité du télégraphe est d'autant plus grande que sont distants les points mis en communication, que plus difficile et plus périlleuse doit être pour l'homme la tâche de franchir les espaces qui séparent les stations télégraphiques. L'intérêt qui s'attache à la télégraphie sous-marine est, par cela même, d'un ordre bien plus élevé que celui de la télégraphie terrestre.

Les lignes qui passent sous les eaux de l'orageux Atlantique pour mettre en communication les populations les plus actives des deux mondes, doivent par conséquent être d'une utilité générale.

C'est ainsi que le démontra, dans son court période d'existence, le télégraphe établi en 1858. Seulement trois de ses télégrammes suffiront pour rappeler ses bons services.

Le premier de ces télégrammes, dont nous donnons ci-dessous la copie, porta à l'Amérique la nouvelle d'un des plus surprenants et des plus importants événements de l'époque, et auquel il a fallu une longue série de siècles pour être amené, nous voulons dire l'établissement des relations entre la Chine et l'Occident.

« Le secrétaire de la compagnie du télégraphe atlantique à la presse associée de New-York. — Nouvelles pour l'Amérique par le câble atlantique.

« L'Empereur des Français est revenu samedi à Paris. Le roi de Prusse est trop malade pour aller visiter la reine Victoria. Sa Majesté sera de retour en Angleterre le 31 août.—Saint-Pétersbourg, 21 août.

« Arrangement de la question chinoise. L'empire chinois ouvrira ses ports au commerce; la religion chrétienne sera tolérée; on recevra des agents diplomatiques de l'étranger; indemnités à l'Angleterre et à la France. — Alexandrie, 9 août.

« Arrivée à Suez, de Madras, le 7. Nouvelles de Bombay, du 19 ; et d'Aden, du 31. L'armée des insurgés de Gwalior a été détruite. Toute l'Inde revient à la paix. »

Beaucoup de maisons de commerce américaines surent utiliser ces très-importantes nouvelles.

Un autre télégramme fut d'une valeur inappréciable pour ceux qui avaient des affections ou des intérêts sur les vapeurs *Europe* et *Arabie* de la ligne Cunard, lesquels s'abordèrent en face du cap Race. Voici les termes dans lesquels il fut transmis de New-York à Londres:

« De Terre-Neuve à Valence.

« D. C. Melver, Liverpool : L'*Arabie* s'est abordée avec l'*Europe*, cap Race, samedi. L'*Arabie* continue sa route; son avant a un peu souffert. L'*Europe* a perdu son beaupré, son taille-mer; l'arrière est bouleversé. Il s'arrêtera à Saint-Jean de Terre-Neuve 10 jours à partir du 16. Le navire *la Perse* ira à Saint-Jean prendre les passagers et la correspondance. Il n'y a eu personne de tué ni de blessé. »

Ce télégramme circula dans l'espace de trois heures, et fut publié le lendemain dans le *Times*, de Londres, pour

calmer l'anxiété du public, en lui faisant connaître en si peu
de temps le sort des passagers de l'*Europe* et de l'*Arabic*.

Les deux autres dépêches dont il s'agit sont deux ordres
envoyés de Londres à la Nouvelle-Écosse et au Canada, afin
de contremander le départ de deux régiments pour l'Inde.
On avait envoyé des ordres d'embarquement aux régiments
62 et 39 pour l'Angleterre ; et comme avant que ce départ ne
dût être effectué, le gouvernement apprit que l'insurrection
de l'Inde avait cessé, il envoya ces deux télégrammes :

« Le ministre de la guerre au commandant en chef des horse-guards,
Londres. Au général Trollope Halifax, Nouvelle-Ecosse : Ne point embarquer le régiment 39ᵉ pour l'Angleterre. »

« Le ministre de la guerre au commandant en chef des horse-guards
pour l'officier général investi du commandement à Montréal, Canada :
Ne point embarquer pour l'Angleterre le 39ᵉ régiment. »

Ces deux derniers télégrammes, qui, par leur nature, sont
de ceux dont les gouvernements ont à faire un usage fréquent,
économisèrent à celui d'Angleterre 50 000 livres sterling, en
lui évitant l'embarquement et le transport de ses troupes.

On dit dans le public des États-Unis du Nord que le gouvernement aurait volontiers payé, il y a quelques mois, deux
millions de piastres fortes pour une communication télégraphique avec la Nouvelle-Orléans.

Il y a un diplomate d'une des grandes puissances du nord
de l'Europe, et dont l'esprit libéral a initié une grande révo-
lution dans son pays, à qui nous avons entendu dire que le
télégraphe a mis fin à la diplomatie. Nous pensons de même
quant à l'ancienne diplomatie, attendu que le fil mystérieux
de l'électricité est l'ami intelligent et conciliateur qui inter-
vient dans les querelles internationales.

Si une ligne télégraphique eût fonctionné lorsque le *San
Jacinto* captura le *Trent*, de la malle anglaise, en face de

l'île de Cuba, en novembre 1861, la Grande-Bretagne, qui, malgré ses prévisions, n'était pas sûre de ce que résoudraient Lincoln et Seward sur sa réclamation, n'aurait pas eu à attendre dans une terrible anxiété durant vingt-quatre jours le dénoûment de cette question. Cet état d'incertitude et d'attente occasionna de grands apprêts de guerre au gouvernement, une dépense de trois millions de livres sterling au trésor anglais, sans compter une perturbation, ne fût-ce que d'une courte durée, en Europe et en Amérique.

Si les gouvernements fédéré et confédéré des États-Unis pouvaient entretenir télégraphiquement une communication plus active avec l'Europe, les négociations que poursuivent présentement les deux pouvoirs dans l'ancien monde marcheraient rapidement et plus promptement vers leur solution.

Si l'île de Cuba avait des lignes télégraphiques établies avec Porto-Rico, Saint-Domingue et l'Europe, elle ne fût pas restée sans communication pendant trente-cinq jours, il y a trois mois, parce que l'un des vapeurs-estafettes espagnols avait perdu son propulseur, et il ne serait pas résulté de là des pertes pour plus d'une maison de commerce. Il serait arrivé aussi que le mouvement de troupes opéré il y a quelques mois à Cuba, pour aller mettre fin à l'émeute de Saint-Domingue, eût été moins coûteux.

Si les fils télégraphiques de la Péninsule ibérique se communiquaient sans solution de continuité avec ceux du centre-Amérique et de l'Amérique du Sud, il ne s'élèverait plus de différends entre l'Espagne et le Venezuela; il n'y aurait entre les deux pays que des relations de commerce libérales et continues. Entre le Pérou et l'Espagne d'anciennes réclamations cesseraient, et on estimerait bientôt que la reconnaissance et la sympathie réciproques des deux États sont d'une plus grande valeur. Entre la Péninsule et le Brésil, le Chili et la Bolivie, et la Plata et l'Uruguay, et la Nouvelle-Grenade, et toute l'Amérique, depuis de la Terre-de-Feu jusqu'au golfe du Mexique, il n'y aurait qu'une seule nationalité, ainsi qu'il n'existe qu'une seule langue, tout en admettant que chacun de ces États conserverait son autonomie de gouvernement.

Le télégraphe sous-atlantique changera la situation politique des Indes occidentales, pays qui, à cause de leur grand éloignement des sièges de leurs gouvernements, sont régis au moyen de lois spéciales par des délégués de la métropole et des gouverneurs généraux dans les îles. Tous les jours et à toute heure on sentirait l'action gouvernementale de Londres dans le Canada, la Jamaïque et les autres îles britanniques; celle de Paris dans les Antilles françaises; celle de Madrid à Porto-Rico, Saint-Domingue et Cuba; celle du Danemark à Saint-Thomas et Santa Cruz; et celle de la Haye dans la Guyane hollandaise et à Curaçao. La promptitude avec laquelle les gouvernements suprêmes statueraient sur des intérêts qui actuellement sont débattus pendant des mois et des années, équivaudrait à doter ces pays d'un nouvel élément de richesse, en réalisant dans toute sa vérité l'axiome américain : *Le temps, c'est de l'argent.*

Avec le télégraphe et la connaissance de l'état des marchés, on n'expédierait pas de cargaisons au hasard, et les flatteuses espérances du négociant ne se convertiraient plus, comme il arrive aujourd'hui, en de tristes mécomptes. Le départ d'un chargement de New-York pour Liverpool, de Santiago de Cuba pour Saint-Nazaire, de la Havane pour Cadix ou le Nord-Amérique, de Rio-Janeiro pour Lisbonne ou pour Gênes, annoncé par le télégraphe, permettra d'es-

compter ou de vendre la cargaison, sur les places auxquelles
il sera destiné, avant sa sortie du port ou pendant qu'il fera
route. On pourra même stipuler le prix et le chargement du
navire à son retour avant qu'il n'ait achevé sa première traversée ; et, pour combiner à la fois ces deux transactions, on
pourra faire assurer de suite l'heureuse issue du voyage d'aller
et retour sans un long temps d'arrêt dans le port ni perte
d'intérêts. On ne saurait prévoir jusqu'où peut aller l'augmen-
tation de circulation que produira cette rapidité dans les
échanges, à longues distances, de toute espèce de valeurs.

Et enfin les lignes sous-atlantiques, avec les télégrammes
météorologiques de l'océan, que la télégraphie sous-marine
généralisera comme la terrestre a généralisé ceux des
fonds publics, sont appelées à créer une ère nouvelle pour
la navigation, en avertissant le marin du temps qu'il peut
trouver sur sa route.

Depuis la fin du siècle dernier on sait que les violentes
tempêtes de la côte nord-est des États-Unis viennent toujours du sud-ouest, avec une vélocité qui varie de 20
à 50 milles par heure, et qu'elles occupent souvent une
surface de plusieurs milliers de milles carrés. On sait
en outre que, de ces côtes, après avoir traversé l'Océan, elles
s'élancent fréquemment vers les mers septentrionales de
l'Europe.

La compagnie des vapeurs de Boston à Portland se fait
télégraphier de New-York l'arrivée des coups de vent, et,
suivant la direction et la marche de ceux-ci, elle sus-
pend ou combine les départs de Boston et de Portland, de
manière à ce que ces navires ne soient point assaillis en mer
par les mauvais temps signalés. Depuis 1850 qu'est établi ce
service télégraphique, aucun vapeur de ladite compagnie n'a

eu une mauvaise traversée. Sur les lacs du Nord-Amérique on emploie les mêmes moyens de sécurité.

Chaque année voguent, exposés aveuglément sur les dangereuses mers de l'Atlantique, environ 100.000 navires, qui portent 11 millions de tonneaux, cabotage et navigation de long cours réunis. Ces navires transportent des millions de personnes, tant passagers que gens de mer, et, en plus, 400 millions de valeurs. Les pertes annuelles roulent sur 2 à 20 millions de piastres. Les assurances que doit payer cette navigation dans une période de temps assez courte, s'élèvent à une somme plus que suffisante pour créer un réseau sous-marin télégraphique qui lui procurera une sécurité réelle, en la délivrant des sinistres de mer.

Le jour où ce réseau sous-marin unira les côtes et les principales îles de l'Atlantique, entreprise moins difficile et moins coûteuse qu'on ne le croit généralement, et plus humanitaire qu'on ne l'estime d'ordinaire, les courriers anglais, américains, français et espagnols, et les navires, tant à vapeur qu'à voiles, du monde entier, trouveront à leurs échelles successives des nouvelles télégraphiques de l'état de l'atmosphère, ainsi que des mers à franchir, auxquelles ces navires ne s'abandonnent aujourd'hui que trop souvent pour y trouver une perte certaine. Sans qu'il soit besoin pour ces navires d'atterrir aux stations télégraphiques, ils pourront recevoir des signaux optiques dans les mers claires, ou bien des signaux acoustiques dans les mers nébuleuses, lesquels, ainsi que cela s'applique aux trains des chemins de fer, leur donneront avis d'un des trois états de la mer : *en avant, précaution, danger*. Le passage des navigateurs, aperçu des stations avec des télescopes d'une grande portée, sera annoncé par télégrammes aux très-nombreux intéressés à divers égards de tous les confins du monde que laissent derrière elles les embarcations. Le manque de vivres ou les avaries de machines, qui surviennent dans les traversées, seront annoncés en route aux consignataires, qui de leur bureau aviseront à ce qu'ils ont de mieux à faire pour leurs intérêts.

Et quelle utilité et quelle valeur ne comporte pas, à quel prix ne serait pas acheté le télégramme qui annonce l'arrivée au port d'un parent, d'un allié, d'un ami, de la personne sur qui reposent nos intimes affections et nos plus chers intérêts, l'infaillible télégramme qui supplée à une lettre de famille ou d'affaire qui s'est perdue !

Si l'on établissait le total des économies que, depuis seulement 1858, eût pu réaliser pour les nations et les intérêts privés une ligne télégraphique européo-américaine; si l'on additionnait les services qu'elle eût rendus aux gouvernements, à l'industrie manufacturière, locomotrice et commerciale, les existences qu'elle aurait sauvées, tant sur mer qu'à la guerre, on demeurerait étonné à la vue du chiffre des milliards perdus pour la richesse publique, et l'on resterait persuadé que, de nos jours, il n'est pas d'entreprise plus économique, plus utile et plus humanitaire que l'entreprise télégraphique sous-marine universelle.

QUATRIÈME PARTIE

DÉPENSES ET PRODUITS DES LIGNES DE L'EUROPE AUX AMÉRIQUES, DE L'ATLANTIQUE AU PACIFIQUE.

Il est superflu de faire observer qu'on ne peut établir quant à présent le budget exact de ce que coûteraient les lignes télégraphiques qui doivent joindre l'Europe aux Amériques et au Pacifique; mais ce qui n'est pas impossible, c'est de fixer un chiffre très-supérieur au coût réel.

Le coût de fabrication du câble atlantique établi en 1858 fut calculé dans les limites ci-dessous:

	Piastres.
Pour chaque mille de fil métallique en pleine mer,	200
Pour chaque mille de fourreau,	265
Pour chaque mille de vernis à l'extérieur,	20
TOTAL pour chaque mille,	485
Coût de 2 500 milles audit prix,	1 212 500
Coût de 10 milles en pleine mer, à 1 450 piastres chacun,	14 500
Coût de 25 milles de côte, à 1 450 piastres chacun,	36 250
TOTAL,	1 263 250

Nous n'avons pu savoir d'une manière très-satisfaisante les frais de pose; mais l'ancienne entreprise paraît avoir affecté à cette opération une somme de 462 860 livres sterling, qui figure au passif de la nouvelle compagnie.

M. C.-F. Varley est d'opinion que, moyennant une somme de 350 000 livres sterling, il est possible de fabriquer et poser le câble entre Terre-Neuve et l'Irlande, en donnant au fil conducteur un poids de 93 livres par mille, et qu'avec une dépense de 400 000 livres sterling on poserait un câble pesant 300 livres par mille.

On croit devoir faire monter à 600 000 livres le capital social destiné à la nouvelle entreprise.

Nous avons publié en 1856 le tracé de la ligne qui, aujourd'hui comme alors, nous semble préférable pour la communication de l'Europe avec les Amériques, ligne ayant pour point de départ la Péninsule ibérique, et qui, passant par Madère, les Canaries, le cap Blanc, l'Irlande, le cap Vert, le Penedo de San Pedro, Fernando Noronha, le cap Saint-Roch, les Amazones, la Trinité, Porto-Rico et Saint-Domingue, se dirige à Cuba et à New-York. Après cette publication, nous avons vu calculée à 18 millions de francs une autre ligne projetée qui suit de près la nôtre, et dont le parcours est ainsi qu'il suit : Cap Saint-Vincent, îles Madère, Canaries, cap Blanc sur la côte d'Afrique, et par terre Saint-Louis, le Sénégal (qui est relié télégraphiquement avec Gandiola), le cap Vert, pour de là traverser l'Océan par le Penedo de San Pedro, et entrer sur le continent américain par le cap Saint-Roch.

La fabrication et la pose des conducteurs de l'électricité—qui entrent pour la plus grande part dans le coût des télégraphes sous-atlantiques,—sont devenues aujourd'hui bien moins coûteuses qu'elles ne le furent pour les premiers câbles sous-marins.

D'après le devis dont nous avons exposé le détail, et moyennant le système de conducteurs que nous estimons préférable, nous pouvons établir pour moins de 6 500 000 piastres fortes la ligne plus étendue qui part de la Péninsule ibérique, en Europe, pour le cap Saint-Roch, Cuba et New-York, sans ses ramifications à Vera-Cruz et à Colon.

Une fois reconnue l'extrême utilité des services que sont appelées à rendre les lignes sous-atlantiques, on conçoit tout d'abord qu'elles obtiendront de beaux gains, qu'elles rembourseront par la suite les capitaux que demande l'entreprise, et qu'elles rapporteront dans tous les cas un gros intérêt annuel. Les faits et les calculs que nous allons sommairement exposer précisent davantage ces bénéfices.

Le télégraphe établi en Californie a reproduit, par ses recettes de la première année, le capital dont il a eu besoin pour continuer sa ligne.

Entre l'Angleterre et le continent européen il y a, terme moyen, une circulation journalière de 1 500 télégrammes.

Les fondateurs de la compagnie du Télégraphe atlantique calculent que la recette annuelle de la nouvelle entreprise sera de 360.000 livres sterling pour prix des dépêches, et de 76 000 pour subvention du gouvernement : au total, 436 000 livres sterling pour être réparties entre le capital de 462 860 de la compagnie primitive, et 600 000 de la compagnie nouvelle, soit environ 1 062 860 livres sterling. Les mêmes entrepreneurs proposent d'établir neuf câbles en plus, qu'ils jugent nécessaires pour satisfaire à l'activité que réclament les communications électriques.

M. Samuel F.-B. Morse disait, le 3 mars dernier : « Dût-on établir vingt lignes qui relient l'Europe et l'Amérique, elles auront toutes leur emploi utile et grandement rétribué. »

En effet, les services qu'ont à demander à ces fils conducteurs déposés au fond de l'Océan les 360 000 kilomètres des télégraphes établis déjà dans les deux mondes; les 80 000 kilomètres de chemins de fer sillonnés avec une incessante rapidité par 34 000 locomotives entraînant à leur suite 940 000 voitures; l'Atlantique lui-même, avec ses ports et ses 100 000 navires; la vie et la richesse de 260 millions d'Européens et de 70 millions d'Américains, tout cela pour être en communication a besoin de très-nombreux conducteurs sous-marins.

Les dépêches-circulaires que tous les gouvernements adresseront à leurs ministres, représentants, à leurs agents diplomatiques et à leurs délégués gouverneurs des îles, à leurs armées navales et à celles de terre d'outre-mer; les télégrammes pour le journalisme de tous les pays; les cotes de fonds et autres valeurs publiques; les cotes de changes et escomptes pour toutes les bourses; les nouvelles de transactions commerciales sur tous les marchés; le mouvement de la marine marchande; les dépêches météorologiques des mers, et les correspondances de famille qui s'échangeront journellement entre les deux hémisphères, tous ces télégrammes ensemble, d'après notre calcul établi, ne seront pas au-dessous du chiffre de 2 000 télégrammes quotidiens.

C'est ainsi que véritablement le nombre des dépêches qui auront cours par un télégraphe sous-atlantique ne sera pas limité par les demandes de ce service, pour ainsi dire sans bornes, mais ne le sera qu'en proportion du prix des télégrammes, qu'en proportion surtout de la rapidité de transmission de la télégraphie sous-marine qui ne permet pas jusqu'à présent d'émettre 2 000 communications quotidiennes par un seul conducteur, chose très-praticable pour la télégraphie aérienne.

Les expériences faites sur cette dernière, bien qu'elles aient donné comme résultat des rapidités diverses, ont effectué

tous les signaux presque instantanément, et sans différence
bien-appréciable dans le service ordinaire de la télégraphie
aérienne.

MM. Figean et Govelle estiment la rapidité de transmission à 62 000 milles par seconde; M. Mitchell, professeur
à Cincinnati, la calcule à 28 500 milles; M. Walker, dans les
observations faites pour la carte de la côte des États-Unis,
à 16 000; mais, de toute manière, la rapidité est si grande
que les dépêches transmises directement de Londres au continent européen, à 1 600 milles de distance, celles transmises
de New-York à la Nouvelle-Orléans, distance de 2 000 milles,
celles transmises de la Nouvelle-Écosse à Wisconsin, distance de plus de 3 000 milles, sont parvenues instantanément.

Il n'en est pas de même de la télégraphie sous-marine : la
rapidité de transmission en est très-ralentie; et, suivant ce
que nous avons déjà dit, cette rapidité se ralentit d'autant
plus qu'est plus grande la longueur du conducteur sous-
marin. Dans la mer Rouge, sept ou huit mots par minute ont
pu faire leur route dans une longueur de 750 milles.

Les ingénieurs du télégraphe atlantique primitivement
installé assurent qu'aujourd'hui ils peuvent transmettre de
douze à dix-huit mots par minute au moyen d'un nouveau
câble.

Lors même que le service du télégraphe serait requis
durant les vingt-quatre heures du jour, comme la différence
de longitude entre les points les plus distants d'Europe et
d'Amérique fait qu'il est midi ici quand il est là minuit, nous
supposerons que le service télégraphique fonctionne journellement vingt heures ou douze cents minutes.

Cela supposé, les mots transmis dans les 360 jours d'une
année seraient $360 \times 1\,200 \times 12 = 5\,184\,000$.

4

Ces dépêches, et un plus grand nombre encore, seraient payées bien volontiers par les intéressés à raison d'une piastre forte par mot (1), ce qui donnerait à l'entreprise un produit annuel de 5 184 000 piastres fortes, c'est-à-dire presque la somme de son capital social.

Mais lors même que nous assiérions nos calculs sur un tarif plus bas que celui qu'on doit considérer modique aujourd'hui de la compagnie du Télégraphe atlantique, et qui est de 2 schellings et 6 pence par mot : au prix réduit, par exemple, d'une demi-piastre forte, les produits bruts de la compagnie seraient encore de 2 592 000 piastres fortes, et le produit net de plus de 2 200 000, autrement dit 33, 8 p. 100 du capital.

Nous ne connaissons pas dans ce temps-ci d'entreprise d'une utilité plus générale, d'un esprit aussi humanitaire et d'un profit aussi beau pour les actionnaires que celle de la jonction télégraphique de l'ancien et du nouveau monde.

---

(1) Le télégramme de 10 mots de New-York à San Francisco de la Californie paye 6,28 piastres fortes.

CONCLUSION

Nous avons comparé les divers projets conçus pour relier l'Europe et les Amériques.

Nous avons démontré que la ligne qui traverse l'Océan dans sa moindre largeur, entre le cap Saint-Vincent en Europe et le cap Saint-Roch en Amérique, ne présente pas de plus grandes difficultés que celles auparavant établies, et que cette ligne est la meilleure base pour en dériver celles qui, en Europe, prendront leur direction vers la France et tous les États continentaux, et qui, dans les Amériques, s'étendront au sud jusqu'à la Patagonie, au Centre-Amérique jusqu'aux Antilles, avec leurs ramifications au golfe du Mexique et à l'isthme de Panama, puis au nord jusqu'à New-York.

Nous avons démontré aussi que par cela même que toutes ces lignes traversent divers États et juridictions nationales, leur neutralité est garantie, et qu'elles intéressent, plus particulièrement que les autres nations, les peuples de la race latine-américaine;

Nous avons indiqué enfin l'utilité générale de ces communications, les frais de leur établissement, et les bénéfices qu'obtiendront les entrepreneurs pour l'œuvre universelle de l'union télégraphique des deux mondes.

L'entreprise est utile, elle est nécessaire ;

L'entreprise est possible, économiquement et physiquement parlant;

L'entreprise se réalisera.

Il y a trente ans, deux ans après l'inauguration du chemin de fer de Liverpool, Robert Peel adressait au Royaume-Uni ces énergiques paroles qui ont été répétées dans toutes les langues pour avancer l'époque des chemins de fer, la grande œuvre de la première moitié du siècle : « Hâtons-nous, hâtons-nous; il est indispensable d'établir des communications par la vapeur d'une extrémité à l'autre du royaume, si la Grande-Bretagne doit conserver dans le monde son rang et sa supériorité. »

Et la vapeur et la locomotive ont déjà circulé depuis les fleuves glacés de la Scandinavie jusqu'aux plages brûlantes de l'Algérie, depuis le tranquille Bosphore d'Orient jusqu'aux bruyantes chutes du Niagara en Occident, faisant emploi de ressources fabuleuses pour rendre tous les peuples amis.

La jonction télégraphique de la vieille Europe et de la jeune Amérique porte avec soi un double caractère encore bien plus élevé : c'est une œuvre de conscience pour la génération actuelle qui voit s'ensevelir chaque année tant de vies dans l'Océan, c'est une œuvre de paix et d'union entre des peuples qui vivent séparés par de vastes mers.

De paix et d'amitié fut le message de la reine d'Angleterre au président des États-Unis qui inaugura le câble atlantique en 1858.

Dans sa réponse à la reine, le président considérait comme plus glorieuse et plus utile pour l'humanité qu'un triomphe obtenu sur les champs de bataille l'installation de ce câble,

et il l'appelait l'instrument accordé par la divine Providence
pour répandre la religion, la civilisation, la liberté et le règne
des lois dans le monde entier.

De paix, d'amitié et de prospérité commerciale furent les
dépêches qu'alors échangèrent le _lord_ maire de Londres et
l'honorable maire de New-York, au nom de leurs villes, pour
célébrer « l'événement du siècle. »

Déjà est loin de nous l'époque où la jonction des continents par le mystérieux fil de la civilisation ne captivait les
esprits que comme le songe brillant d'une imagination poé-
tique. A cette époque-là déjà a succédé l'ère où les découvertes
scientifiques réalisent les plus beaux poëmes de l'imagination. Les câbles sous-marins établis d'Angleterre en France,
en Irlande, en Belgique, en Hollande, au Danemark et au
Hanovre; de Suède au Danemark; du Piémont à l'île de
Corse, et de celle-ci à la Sardaigne; de Varna à Balaklava;
de Constantinople à Galatz; du nouveau Brunswick dans le
golfe Saint-Laurent à l'île du Prince-Edouard dans la Nou-
velle-Angleterre; de France en l'Algérie; de Toulon en Corse;
de Corfou à Otrante; des Baléares à la Péninsule ibérique;
de Malte à Alexandrie, les câbles en voie d'exécution pour la
mer Rouge et pour l'Atlantique et le Pacifique, tous ces travaux font prévoir le temps peu éloigné où la télégraphie
universelle reliera tous les États de la planète que nous ha-
bitons.

Le télégraphe sous-océanique, qui placera sur les côtes de
l'Europe latine les îles de Madère, des Canaries, du Cap-Vert
et le littoral africain; ce télégraphe, qui mettra dans le voisinage de l'Europe méridionale les Antilles, les Amériques
centrale et méridionale, est pour nous l'emblème précurseur
d'une nouvelle réunion avec toute l'Amérique antérieurement

espagnole, réunion devant s'accomplir non par la guerre mais par la paix, non pour la réaction ni pour l'offense envers d'autres États, mais pour le vrai progrès et pour la fraternité de tous les peuples de la terre.

Et si un jour le peuple anglo-saxon des deux côtés de l'Atlantique, ou bien la Sibérie et le Japon, établissaient leurs câbles sous-marins, et que le peuple latin-américain des deux hémisphères eût déjà déployé la ligne sous atlantique méridionale, il se formerait une double union entre les deux mondes, et un courant circulaire sans fin par terre et par mer changerait les idées, les passions et les intérêts de la société moderne pour identifier leurs tendances et unir leurs efforts en faveur du progrès de l'humanité; il effacerait le *Non plus ultrà* que les âges écoulés laissèrent appliqué aux colonnes d'Hercule; et sa devise, en s'adressant aux générations futures de l'un et de l'autre monde, serait : IL N'Y A PLUS D'OCÉANS !

Et ce jour venu où l'homme aura converti sa foudre mortifère en docile et béni messager à travers les mers et les continents, un fervent sentiment de gratitude chrétienne envers le Créateur inspirera à l'unisson à tout le genre humain, dans l'admiration des merveilles de l'électricité, cette religieuse exclamation :

> 3. Il n'y a point de langue ni de différent langage
>   au milieu de qui leur voix ne soit entendue.
> 4. Leur bruit s'est répandu dans toute la terre,
>   et leurs paroles se sont fait entendre jusqu'aux extrémités du monde.

ARTURO DE MARCOARTU.

WASHINGTON, avril 1863.

TABLE.

~~~~

CHAPITRE II.

LIGNES ORIENTALES DU PACIFIQUE.

Lignes russo-nord-américaines.

CHAPITRE III.

TROISIÈME PARTIE.

QUATRIÈME PARTIE.

GROELANDIA

AMERICA
RUSA

AMERICA
DEL NORTE

ESTADOS UNIDOS

O C É A N O

P A C I F I C O

O C É A N O   A T L Á N T I C O

A F R I C A

AMERICA
DEL CENTRO

AMERICA
DEL SUR

BRASIL

TIERRA DE FUEGO

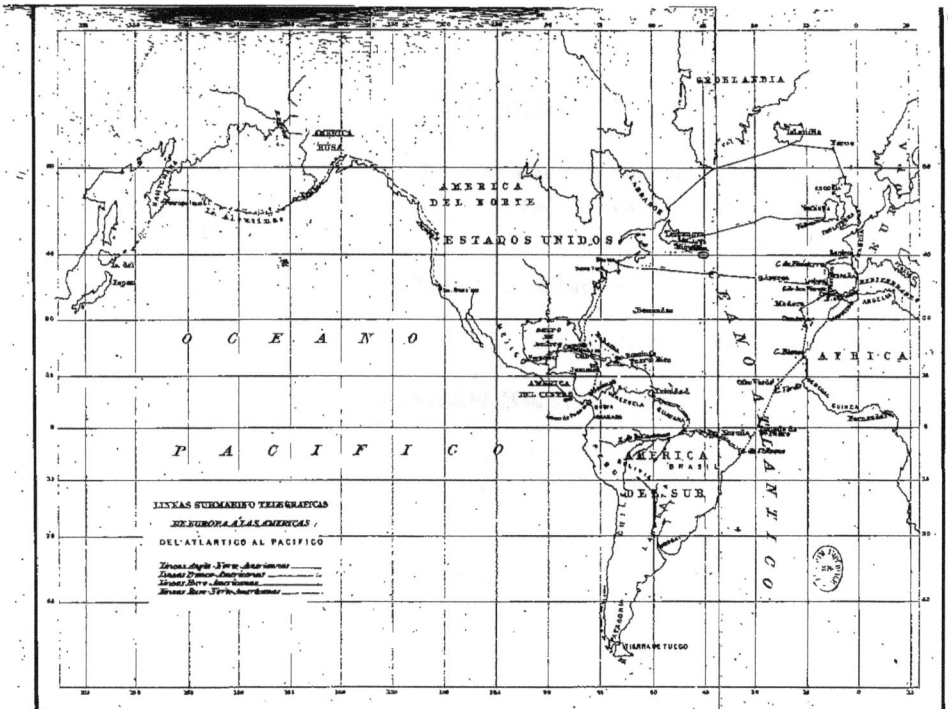

LINEAS SUBMARINO TELEGRAFICAS
DE EUROPA Á LAS AMERICAS;
DEL ATLANTICO AL PACIFICO

Lineas Anglo-Norte-Americanas _____
Lineas Franco-Americanas _____
Lineas Ibero-Americanas _____
Lineas Ibero-Norte-Americanas _____

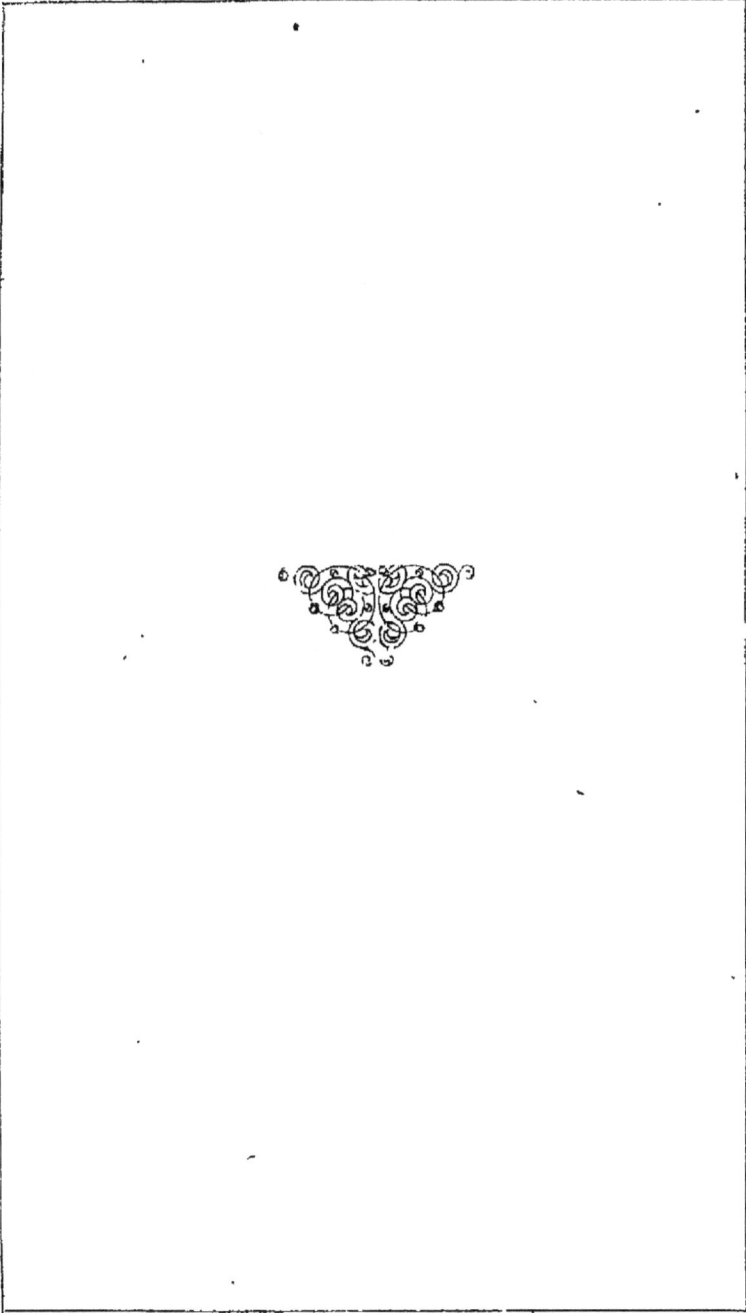

www.ingramcontent.com/pod-product-compliance
Lightning Source LLC
Chambersburg PA
CBHW050543210326
41520CB00012B/2696